白垩纪恐龙 下

探寻恐龙奥秘

TANXUN KONGLONG AOMI

恐龙大百科

张玉光 ◎ 主编

青岛出版集团 | 青岛出版社

高吻龙

20 世纪中后期，苏联和蒙古国曾经多次组织联合科学考察队，对蒙古国野外的中生代地层进行详细的勘查与探测。在这段时间里，考察队发现了许多珍贵的恐龙化石。这当中包含很多以前人们从未见过的种类，高吻龙化石就是其中之一。

分工合作的嘴与牙

跟许多植食恐龙一样，高吻龙口鼻部前端长有角质喙状嘴。它们在进食的时候，会先用喙状嘴把植物切断，然后把食物吃进嘴里慢慢地咀嚼，直到柔韧的植物变成碎末才将之吞到肚子里。这种进食方式在植食恐龙中很常见。

大　　小	体长为 6～8 米，体重约为 1 吨
生活时期	白垩纪早期
栖息环境	平原
食　　物	植物
化石发现地	蒙古国

高鼻子的作用

高吻龙的外貌非常有特点。从它们的化石就能看出，那大得出奇的鼻拱是其他恐龙所不具备的。高吻龙鼻拱的用途到底是什么呢？古生物学家曾作出许多猜测。有人认为高高的鼻拱可以帮高吻龙储存水分；有人认为鼻拱对提升嗅觉很有帮助；还有人觉得鼻拱是高吻龙的发声器官，能够发出声音，从而让高吻龙与同族的兄弟姐妹进行沟通和交流。

高吻龙的口鼻部非常巨大，鼻端上方高高隆起，有一个明显的高拱。这既是它们最大、最显眼的特征，也是它们学名的由来。

▲ 高吻龙的前肢比后肢短。按道理，高吻龙应该用两足行走。但是，它们的前肢腕骨粗厚、结实、能支撑较大的体重。因此，高吻龙也有可能是四肢着地行走。

作用不一的手指

高吻龙的前肢长有 5 根手指。它们各有不同的用途：最外侧的手指长有锋利的尖刺，既能自卫，也可以破开水果或种子的外壳；中间的 3 根手指最厚，负责承担一部分身体重量；最后一根手指应该是配合其余手指抓取食物的。

鹦鹉嘴龙

想象一下，如果恐龙长了钩状的似鹦鹉嘴的嘴巴，那会是什么样？你别说，恐龙中还真有这样的家伙，它们就是鹦鹉嘴龙。

小石头，帮帮忙！

多汁的植物根茎和果实是鹦鹉嘴龙的最爱。但是，它们的牙齿又小又钝，根本无法磨碎食物。这可怎么办呢？别担心，鹦鹉嘴龙会吞下许多小石头来帮助消化。与一部分鸟类相似，鹦鹉嘴龙并不会把这些石子吞进胃里，而是储存在砂囊里。

化 石　鹦鹉嘴龙头骨 >>>

位于上下颌前端、相对弯曲、像鹦鹉嘴一样的角质喙是鹦鹉嘴龙身上最为明显的特征。它们正是因此而得名。

你知道吗？

鹦鹉嘴龙的尾部是由骨化的肌腱组成的，与身体其他部位相比显得有些僵硬。

大　　小	体长为1～2米
生活时期	白垩纪早期
栖息环境	湖沼与河流岸边等
食　　物	柔嫩多汁的植物根茎、果实
化石发现地	中国、俄罗斯、蒙古国、泰国

角龙家的"小祖先"

刚开始，研究人员把鹦鹉嘴龙划入鸟脚类恐龙家族。后来人们发现角龙类成员也具有鸟喙这一特征，于是又把鹦鹉嘴龙归为角龙类成员。不过，鹦鹉嘴龙比角龙出现得早。因此，古生物学家认为鹦鹉嘴龙可能是角龙家族的长辈，甚至可能是角龙家族成员的祖先。

小知识

鹦鹉嘴龙化石曾相继在俄罗斯的西伯利亚南部、蒙古以及中国北方现身。由此可知，大部分鹦鹉嘴龙喜欢在亚洲北部生活。不过，有位专家在泰国也找到过鹦鹉嘴龙的化石。这说明它们也曾举家南迁。

鹦鹉嘴龙化石骨架

甲 龙

每逢国庆节阅兵的时候，那浩浩荡荡的坦克车队和装甲车队看着就非常霸气。其实，恐龙家族里也有"坦克"和"装甲车"，而且它们的名字也与装甲有关。没错，它们就是甲龙！

化 石　尾锤 >>>

甲龙的尾锤是由几块骨质甲板和尾巴末端的几节尾椎骨结合而成的，像棒子一样坚硬。尾锤是甲龙身上除"铠甲"外主要的防御武器。

大　　小	体长为 5～6.5 米
生活时期	白垩纪晚期
栖息环境	树林等
食　　物	嫩枝叶或多汁的根茎等
化石发现地	玻利维亚、美国、墨西哥

慢悠悠的"装甲车"

甲龙的皮肤比大象的皮肤还厚，上面镶满坚硬的骨质块。因为身体两侧有成排的尖刺，尾巴上还长着重重的尾锤，同时四肢很短，身体沉重，所以甲龙一般跑不了太快，只能慢悠悠地走。远远看去，一只正在行走的甲龙很像一辆慢速行驶的装甲车。

它们也有弱点

别看甲龙身披"铠甲"，看似武装全面，其实它们也有弱点——肚子十分柔软。万一将肚子暴露在掠食者的眼前，甲龙就会很容易陷入险境。因此，甲龙在碰到敌人时，常会立即趴在地上保护肚子。

小心它们的尾锤！

甲龙的尾锤也是它们的防御武器。一旦遇上掠食者，甲龙就会快速挥动尾锤出击。尾锤分量不轻，掠食者一旦被"重锤"砸中，搞不好就是牙齿粉碎甚至颅骨粉碎性骨折的下场。不过，面对暴龙之类的巨型掠食者，甲龙尾锤所起的作用十分有限。

原角龙

原角龙是不是就是"原来长角"的恐龙？那么，后来它们的角上哪儿去了？原来它们的角并不是没有了，而是长到了口鼻上。

化 石　原角龙头骨 >>>

原角龙的头很大，从侧面看像个大三角。其两眼中间有个小鼻角，头骨两侧各有一个尖角，头骨后面延伸出带褶边的颈盾。

你知道吗？

要区分或识别原角龙的性别，需从它们口鼻的厚度、颈盾的宽度和脸颊骨的大小等方面加以判断。

原角龙属于群居动物，多以家庭为单位进行生活。等到成年后，它们在家庭中的职务各有分工：有的带妹妹、弟弟，有的外出寻找食物，有的则负责站岗放哨……

大　　小	体长为 1.5 ～ 2 米
生活时期	白垩纪晚期
栖息环境	灌木丛林、沙漠地带
食　　物	植物
化石发现地	中国、蒙古国

守护下一代

　　处于繁殖期的原角龙会把蛋产在松软的沙子上，以免恐龙蛋受到磕碰而破碎。产完蛋后，雌龙会在蛋上盖上一层细沙。这样做一方面可以为蛋保暖，另一方面可以使蛋免遭其他动物的毒手。待做好一切准备工作，原角龙夫妻就会轮流守在蛋巢旁，直到恐龙宝宝破壳出生。

矫健的"胖子"

　　别看厚角龙看起来胖胖的，可它们四肢健壮有力，跑起来一点儿都不慢。万一遇上棘手的敌人，原角龙一般不会跟对方发生纠缠，而是转身就跑，逃之夭夭。

脖子上的"保护伞"

　　植食恐龙大都脖子细长、脆弱，没有防御、保护性装备。这很容易成为大中型肉食恐龙的攻击点和进攻突破口。但是，原角龙不同，它们头骨后面拥有又大又长的颈盾，可以像保护伞一样保护脖子不被咬伤。

肿头龙

肿头龙生活在白垩纪晚期，头顶肿大，好像长着巨瘤，是鸟脚类恐龙的一种，也是大灭绝前存活到最后一刻的恐龙之一。

兄弟一心，其利断金

肿头龙的"铁头功"虽然厉害，可并不能让它们所向披靡。真要遇到强敌攻击，光会撞击和逃跑肯定不行。基于安全考虑，肿头龙们过起了群体生活。万一遭遇大型肉食恐龙，大家就会齐心协力，把肉食恐龙包围起来轮流撞击，直到肉食恐龙放弃捕猎逃之夭夭。

大　　小	体长为 4～6 米
生活时期	白垩纪晚期
栖息环境	平原、沙漠
食　　物	植物的种子、果实、叶子等，也可能包括昆虫
化石发现地	美国、加拿大

肿头龙的头骨后面有突起的骨质棚，厚约 25 厘米，里面几乎全是实心的。其头骨边缘还长着一圈密集的骨质瘤。这些是肿头龙家族成员的特有标志。

撞出来的首领

肿头龙与其他植食恐龙一样，喜欢过群体生活。但是，家不可一日无主。于是，为了争当领头龙，雄性肿头龙们经常举行"撞头大赛"，以撞分高下。

肿头龙相互撞击时会发出"砰砰"的巨响，在很远的地方都能听得到。争夺首领的肿头龙会一直持续撞头的动作，直到把对方撞到认输或放弃为止。群体中脑袋最硬、耐力最强的肿头龙才可能成为群体的"领头人"。

你知道吗？

雄性肿头龙的头冠和身形比雌性的大很多。

肿头龙撞击他物时，厚厚的头骨可以减轻因相互碰撞而产生的震荡。所以，肿头龙从不担心自己会得"脑震荡"。

窃蛋龙

窃蛋龙的学名意为"偷蛋的贼"。起初，很多人认为窃蛋龙是不知着耻的小偷，专偷其他恐龙产下的蛋。但是，近年来，古生物学家终于找到证据，证明了窃蛋龙其实并不偷蛋，而是会护蛋或孵蛋。到此，它们才洗刷了自己的冤屈。

大　　小	体长为 2～3 米，体重为 20～36 千克
生活时期	白垩纪晚期
栖息环境	半沙漠地带、草原
食　　物	植物、软体动物等
化石发现地	中国、蒙古国

"窃蛋"的由来

20 世纪 20 年代，科学家们曾在蒙古国发现一窝恐龙蛋化石，还在蛋巢边发现了一具未知的恐龙骨架化石。起初，大家认为这些是原角龙的蛋，而那只恐龙可能在偷蛋时被发现，被蛋主人杀死。

当时，人们第一次发现这种恐龙化石标本，就根据现场发现的第一印象为之起名"窃蛋龙"，意思是"偷蛋的贼"。此后，窃蛋龙一直被人们误会，长达数十年。

窃蛋龙的头骨与鸟类的头骨很像，又小又方，头骨前端长着弧形的喙状嘴，里面没有牙齿。它们的嘴像剪刀一样锋利，能轻松地剪下植物的叶子或根茎，以此弥补没有牙齿的缺陷。

你知道吗？

窃蛋龙头上长着半圆形的骨质头冠，十分显眼。它们身长可达 2～3 米，大小与鸵鸟差不多，而且很可能像鸵鸟一样身上长有羽毛。

沉冤得雪

20 世纪 90 年代，人们在中国河南西峡发现了窃蛋龙的胚胎蛋化石，后来又在蒙古发现一窝原地埋藏的窃蛋龙蛋窝与骨架化石。后者显示窃蛋龙出现在巢穴边，而且巢里的蛋为窃蛋龙所产。专家以此推测当时窃蛋龙应是在孵蛋，但突然发生意外，为了挡住危险才舍身救子。至此，"偷蛋贼"的冤案终于"沉冤得雪"。可惜的是，根据国际动物命名法，它们的名字再也无法更改了。

竭心尽力的父母

自窃蛋龙洗清冤屈以后，人们对它们有了全新的发现：处于繁育期时，窃蛋龙会把蛋生在土坑里，并把树叶或沙土掩盖在巢穴上为蛋取暖。除此之外，窃蛋龙父母还会坐在蛋上，用身体为蛋取暖，可以说是竭心尽力地照顾着蛋宝宝。

霸王龙

霸王龙是白垩纪晚期最残暴的"帝王"之一。过去，人们习惯叫它们"雷克斯暴龙"。但是，后来人们觉得"霸王"似乎更符合它们的形象。如今，霸王龙已成为家喻户晓的恐龙明星了。

化 石　霸王龙的头骨 >>>

霸王龙的头骨特别大。其头骨力量在所有肉食恐龙中是数一数二的。另外，它们的牙齿约有 18 厘米长，足以刺穿、撕裂其他动物的皮肉。

动口不动手

作为白垩纪晚期的恐龙之王，霸王龙几乎没有对手。它们那布满尖牙的血盆大口足以让其他恐龙退避三舍。捕猎时，它们只要张开大嘴，死死地将猎物咬住，就会让猎物很快因失血过多而死。直到这时，霸王龙才会静下来不紧不慢地享受美餐。

你知道吗？

只要你跑得够快，或者常拐弯或掉头跑，霸王龙就可能抓不到你，因为它们跑起来不会拐弯。

雌霸王龙比雄霸王龙体形大。如果雄霸王龙求婚时不带"礼物"，它们就有可能会被雌霸王龙吃掉。

"霸王"的弱点

别看霸王龙凶巴巴的，它们也有弱点。虽然身体庞大，可霸王龙的前肢十分短小。这双"小短手"无法抓捕猎物，有时还会成为霸王龙一个致命的弱点。

比如说，一只正在追捕猎物的霸王龙突然摔倒了，如此短小的前肢能支撑它迅速站起来吗？如果不能快点起身，那它很有可能就会丢掉性命，成为被捕食的猎物。

大　　小	体长为 11.5 ～ 14.7 米，体重为 8 ～ 14.85 吨
生活时期	白垩纪晚期
栖息环境	森林
食　　物	植食恐龙、动物尸体
化石发现地	美国、加拿大、蒙古国

15

鸭嘴龙

鸭嘴龙家族成员的脑袋上长着各种各样的"头饰"。它们拥有宽阔的鸭嘴状的吻端，牙齿细密，爱吃植物，喜欢群居。

化石　喙状嘴 >>>

鸭嘴龙因口鼻扁平，拥有宽阔的鸭嘴状吻端而得名。它们的嘴巴前部没有牙齿，而是长有角质喙，可以夹断植物。

大　　小	体长可达 22 米左右
生活时期	白垩纪晚期
栖息环境	沼泽、森林
食　　物	植物或软体动物
化石发现地	中国、美国、加拿大

快看它们的牙！

鸭嘴龙身上比较突出的一个特点就是上下颌上长着成百上千颗牙齿。这些牙齿长在齿骨上，排列密集，相互补充替换，能轻松地磨碎坚硬的植物。

“头饰”多样

大部分鸭嘴龙成员头上长着犄角。有的犄角里含有鼻管。有人认为鸭嘴龙是利用鼻管发声的，并以此与“大部队”保持联系或寻找心仪的配偶。

小知识

中国白垩纪晚期的地层中蕴含着丰富的鸭嘴龙类化石资源，比如棘鼻青岛龙化石、巨型山东龙化石、天镇大同龙化石、黄氏左云龙化石等。

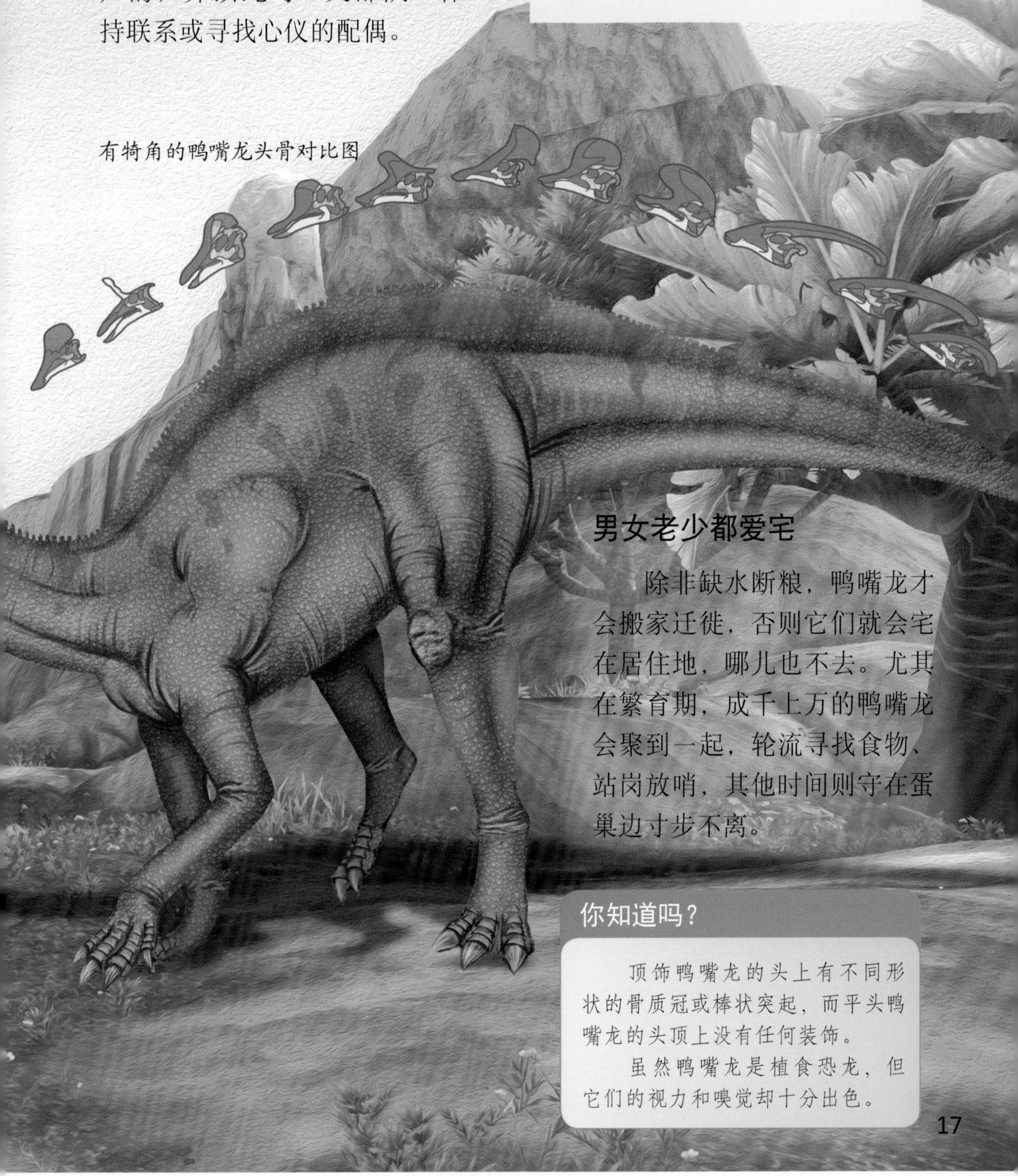

有犄角的鸭嘴龙头骨对比图

男女老少都爱宅

除非缺水断粮，鸭嘴龙才会搬家迁徙，否则它们就会宅在居住地，哪儿也不去。尤其在繁育期，成千上万的鸭嘴龙会聚到一起，轮流寻找食物、站岗放哨，其他时间则守在蛋巢边寸步不离。

你知道吗？

顶饰鸭嘴龙的头上有不同形状的骨质冠或棒状突起，而平头鸭嘴龙的头顶上没有任何装饰。

虽然鸭嘴龙是植食恐龙，但它们的视力和嗅觉却十分出色。

三角龙

三角龙头上长有3个尖角，是角龙中的"巨无霸"。虽然它们性格温和，但有的动物要是招惹了它们，一定会被扎得头破血流。三角龙是角龙类中最晚出现的成员，也是从白垩纪晚期一直存活到"大灾难"降临的成员。

护颈神器——颈盾

三角龙不仅长有长度可达1米的眉角，还长有硕大的骨质颈盾。这种颈盾像边缘带褶的大扇子，结实厚重，能保护三角龙脆弱的脖子。有"大扇子"护颈，三角龙就不必担心会被肉食恐龙一口咬断脖子了。

大　　小	体长为 6～10 米，体重为 6～12 吨
生活时期	白垩纪晚期
栖息环境	森林
食　　物	植物
化石发现地	美国

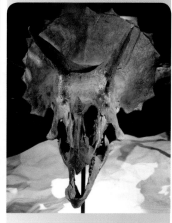

化　石　三角龙头骨 》》》

角是三角龙的标志：一只是长在鼻尖的短角，另两只是长在头顶的眉角。3 只角都是实心骨头，具有强大的刺穿力，能轻易地戳穿约 1 厘米厚的铁板。

招惹它们，小心让你"好看"！

比起内部争斗时与同类相争夺，三角龙对"外人"下手更重。即使面对霸王龙，三角龙也毫不惧怕。靠着尖利的头角，三角龙常会与霸王龙进行鱼死网破的搏斗，把对方扎得皮开肉绽。

家人一直在一起

尽管三角龙敢于和猎食者拼命，但它们大多以牺牲性命为代价。因此，三角龙外出时一般是群体出行。一旦遭遇袭击，年轻的三角龙就会围成一圈，头朝外，用尖角保护家人。

伤齿龙

白垩纪时期，伤齿龙出现了。它们拥有恐龙家族中的"最强大脑"，智商很高。伤齿龙眼睛很大，视力超好。有的研究人员甚至提出，它们如果继续演化，很可能会成为地球上的"主宰者"之一。

"最强大脑"

从伤齿龙的头骨来看，它们的大脑容量很大。因此，古生物学家推测，伤齿龙的大脑可能是恐龙中的"最强大脑"。它们可能拥有恐龙族群中最高的智力，是恐龙家族里最聪明的成员。

小知识

伤齿龙虽然在外形上与似鸟龙类恐龙很像，但它们的第二脚趾上长着驰龙类特有的爪子——这种爪子能在奔跑时翻转朝上。因此，有些古生物学家认为伤齿龙可能属于驰龙类。

暗夜猎手

伤齿龙不仅脑子好使，眼睛也很好使。黄昏时，伤齿龙凭借大大的眼睛，可以在昏暗的光线中看清猎物。在猎物还没发现时，它们便会突然蹿上去攻击并捕获猎物。

伤齿龙在产蛋方式上与其他恐龙十分不同。它们会把蛋扎进湿软的泥土里。这样一方面可以避免恐龙蛋落地摔碎，另一方面可以避开偷蛋贼的眼睛。

你知道吗？

伤齿龙的耳朵一个高，一个低。这与某些猫头鹰的耳朵十分相似。

在 1987 年以前，伤齿龙被人们称作"细爪龙"。

大　　小	体长约为 2 米，体重约为 50 千克
生活时期	白垩纪晚期
栖息环境	平原
食　　物	腐肉、小型动物
化石发现地	中国、美国、加拿大

"恐龙人"的猜想

有人曾提出"恐龙人"的猜想。他们认为，如果伤齿龙没有灭绝，它们很可能会进化成"恐龙人"，取代人类成为地球上的"主宰者"。

驰 龙

驰龙拥有强壮的后肢，奔跑迅速，能毫不费力地捕杀中小型恐龙。它们脚上长有十分锋利、能够伸缩的爪子，可以轻易地撕裂肉块。因此，它们又被称为白垩纪中小型恐龙的"终结者"。

化 石　翘起来的脚趾 >>>

驰龙的脚掌很有意思，每个脚掌的第二趾上长着一个形似镰刀的爪。这个爪尖锐锋利，能轻松撕裂动物的皮肉。驰龙平时走路、奔跑时，还可以把这个爪翘起来。

你知道吗？

驰龙还有一个名字，叫"奔龙"。

驰龙身上从头到脚都覆有松软的绒毛和羽毛。可惜的是，它们并不会飞。

大　　小	体长为 1～2 米
生活时期	白垩纪晚期
栖息环境	森林、平原
食　　物	中小型恐龙
化石发现地	加拿大、美国等

贴地"飞行"

驰龙体形偏短小，最长只有2米左右。它们不仅身子短，后肢也很短。乍一看，你可能认为它们跑不快。但是，驰龙跑起来的速度甚至能达到每小时60千米，也就是1分钟约1000米！这速度简直让它们在贴地"飞行"！

驰龙化石

充满争议的关系

几十年来，长满羽毛的驰龙曾让人们认为鸟类可能是由恐龙进化而来的。但是，刚提出来时，这个结论缺乏可信的根据。直到有人发现了一块距今1.3亿年的驰龙化石，人们才找到了恐龙可能是鸟类祖先的确切证据。

还有一些专家认为，这块化石只能说明驰龙有羽毛。也许，恐龙和鸟类有共同的祖先，所以才都长有羽毛。至于鸟类究竟是不是由恐龙进化而来的，还不能一锤定音。

懒 龙

懒龙拉丁名中的 "segn" 可以翻译为 "慢" 和 "懒" 两个意思，所以懒龙也叫 "慢龙"。懒龙喜欢吃鱼，偶尔也吃植物。它们走起路来慢吞吞的，看上去真的很懒。

大　　小	体长约为 6 米，体重约为 1.3 吨
生活时期	白垩纪晚期
栖息环境	戈壁
食　　物	鱼类或植物，也可能吃昆虫
化石发现地	蒙古国、中国

懒龙很懒

懒龙后肢的足部又短又宽，小腿也很短，不足以支撑它们快速奔跑，只能让它们轻快地行走或慢跑。正是出于这个原因，它们才被冠上 "懒龙" 的名字。

它们到底吃什么？

对于懒龙吃什么，研究人员一直争论不休。有人认为，懒龙可能像食蚁兽一样喜欢吃蚂蚁，它们的爪子足以挖开蚁穴。还有人认为，懒龙脚上长了脚蹼，可能会游水，会到水里捕捉鱼类。不过，也有人不同意这两种观点，认为懒龙可能更喜欢吃植物。

图书在版编目（CIP）数据

探寻恐龙奥秘.6,白垩纪恐龙.下 / 张玉光主编. — 青岛：青岛出版社，2022.9

（恐龙大百科）

ISBN 978-7-5552-9869-4

Ⅰ.①探… Ⅱ.①张… Ⅲ.①恐龙 - 青少年读物 Ⅳ.①Q915.864-49

中国版本图书馆CIP数据核字（2021）第118790号

书　　名	**恐龙大百科：探寻恐龙奥秘** **［白垩纪恐龙（下）］**	
主　　编	张玉光	
出版发行	青岛出版社（青岛市崂山区海尔路182号）	
本社网址	http://www.qdpub.com	
责任编辑	朱凤霞	
美术设计	张　晓	
绘　　制	央美阳光	
封面画图	高　波	
设计制作	青岛新华出版照排有限公司	
印　　刷	青岛新华印刷有限公司	
出版日期	2022年9月第1版　2022年10月第1次印刷	
开　　本	16开（710mm×1000mm）	
印　　张	12	
字　　数	240千	
书　　号	ISBN 978-7-5552-9869-4	
定　　价	128.00元（共8册）	

编校印装质量、盗版监督服务电话：4006532017　0532-68068050

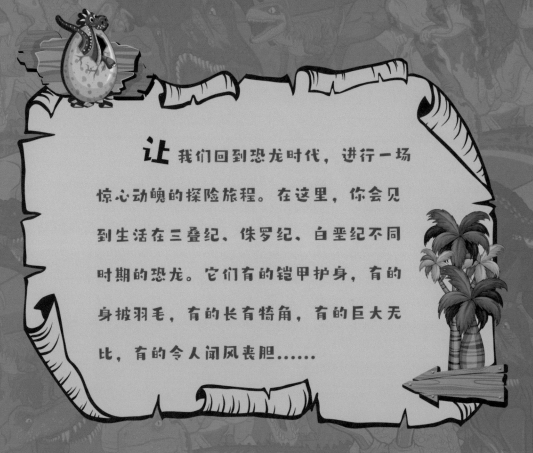

让我们回到恐龙时代，进行一场惊心动魄的探险旅程。在这里，你会见到生活在三叠纪、侏罗纪、白垩纪不同时期的恐龙。它们有的铠甲护身，有的身披羽毛，有的长有犄角，有的巨大无比，有的令人闻风丧胆……

ISBN 978-7-5552-9869-4

9 787555 298694 >

ISBN 978-7-5552-9869-4
定价：128.00（全8本）